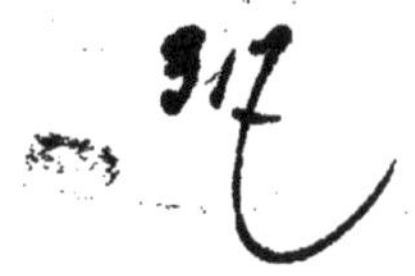

NOTIONS

SUR LES

RECHERCHES

DE HOUILLE

NOTIONS

SUR LES

RECHERCHES

DE HOUILLE

Formation de la houille. — Série des terrains qui composent l'écorce du Globe. — Comment on reconnait le terrain houiller. — Localités à explorer. — Prix de revient de divers sondages.

par **Henri WIART**

ancien Directeur de Houillères

PARIS

E. DENTU, PALAIS-ROYAL, GALERIE VITRÉE, 31

1856

PRÉFACE

Les recherches de houille sont très fréquentes aujourd'hui, mais la valeur de ces recherches, les chances favorables ou défavorables qu'elles peuvent présenter sont appréciées d'un petit nombre de personnes.

Nous pensons qu'il suffirait d'une lecture attentive de quelques heures pour que de telles appréciations devinssent accessibles à tout le monde.

On ne s'engagerait plus alors dans une entreprise de cette nature sur *la foi* des autres, mais d'après des calculs que l'on aurait vérifiés soi-même.

C'est dans ce but que nous avons écrit ces quelques pages. Nous en avons écarté presque complétement les termes techniques, et si nous consacrons notre premier chapitre à l'histoire abstraite des phénomènes qui ont précédé la formation de la houille, c'est qu'il nous paraît impossible de comprendre les faits particuliers si l'on ne possède la loi générale.

NOTIONS

SUR LES RECHERCHES

DE HOUILLE

CHAPITRE PREMIER

Tout corps qui n'est pas solide, et qui subit un mouvement de rotation, se renfle vers le centre et s'aplatit aux deux extrémités de l'axe. Cette forme que la terre présente, et l'aplatissement de ses pôles en rapport avec la rapidité de son mouvement, prouvent qu'elle ne fut pas dès l'origine à l'état solide.

Quelle cause la maintenait ainsi, malléable, ductile? C'était le feu : la chaleur centrale que nous sentons plus intense à mesure que nous descendons dans un puits, les éruptions volcaniques, les sources thermales, la cristallisation des roches primitives, ne permettent pas d'en douter.

Le globe était donc dès l'origine dans un état voisin de la fusion, mais l'atmosphère qui l'environnait lui soutirait sans cesse une partie de son calorique. La superficie se refroidissait peu à peu : une croûte se forma, emprisonnant sous le sol un noyau toujours en fusion.

Cette croûte se trouva naturellement formée des mêmes matières : ce furent des granites, mélange d'argile et de potasse, dans lesquels les vapeurs métalliques de la magnésie, du fer, du manganèse, diversement combinées, répandaient les paillettes du mica, cette substance brillante dont nous faisons le sable d'or.

Cette enveloppe granitique était peu épaisse; les gaz emprisonnés luttaient vigoureusement contre ses parois : la terre tremblait, le sol se soulevait comme il est arrivé en 1819 dans l'Inde, alors que d'un pays plat surgit une montagne de vingt lieues. Quelquefois le sol se fracturait et par les lézardes s'échappaient des vapeurs métalliques comme aujourd'hui par les volcans. Si les soulèvements produisaient des montagnes, par contre, les points qui échappaient à ces phénomènes devenaient des plaines, des vallées. L'eau se condensant par le refroidissement passait de l'état de vapeur flottante dans l'atmosphère à l'état liquide, se répandait bouillante sur les montagnes, travaillait avec l'air à décomposer le granite, en emportait des parcelles, les entraînait dans les vallées et les déposait là en couches horizontales.

Les substances que fournirent ainsi les roches primitives et les vapeurs métalliques que vomissait incessamment le foyer central, donnèrent lieu, en se combinant avec l'air et l'eau, à des sédiments de nature variée. L'oxygène, en acidifiant les substances, les mettait en rapport, jouait pour ainsi parler le rôle d'intermédiaire, était le lien universel. La croûte granitique, en se décomposant, fournissait des argiles et du quarz; le quarz, en s'agglutinant, produisait les grès ; les argiles, et les grès, divisés par les paillettes du mica, prenaient cette structure feuilletée que nous voyons dans les ardoises, la structure schisteuse. L'un des éléments de l'argile, la silice, en se combinant avec les vapeurs métalliques de la magnésie, produisait le talc. Les corps en combustion forment l'acide carbonique. Cet acide, en se combinant avec les vapeurs métalliques de la chaux oxygénée, produisait les calcaires. Si le métal magnésie entrait dans la combinaison, le calcaire devenait dolomie. Si c'était le soufre, le calcaire devenait pierre à plâtre. Ainsi toutes les substances, toutes les émanations, tous les débris allaient, venaient, se rencontraient, se heurtaient, s'alliaient, se modifiaient suivant leurs affinités. Et l'aspect des roches variait comme les éléments qui intervenaient dans leur formation : l'eau, en les pénétrant, les rendait opaques, le cobalt les teignait de bleu, le fer les jaunissait, les rougissait ; les matières amphiboliques et chloritiques les coloraient en vert, le carbone diversement mélangé les noircissait : les nuances comme les produits jaillissaient innombrables du creuset universel.

Les couches formées par les eaux n'avaient pas la texture cristalline des granites, formés par le feu; mais il arriva souvent qu'à travers cette écorce peu épaisse, souvent lézardée, du granite, le feu les atteignit et les transforma. Les causes de fractures se multipliaient. On sait que l'argile, en raison de sa structure compacte, se fend, se lézarde en se refroidissant, c'est l'effet du retrait. On sait aussi que l'eau contenue dans un vase, en se cristallisant par la gelée, ne peut plus être contenue sous cette forme nouvelle dans le même espace, qu'elle fait effort contre les parois du vase et le brise : c'est la dilatation. Ce double effet se produisait suivant que les roches étaient compactes ou cristallines; les unes se contractaient, se fracturaient; les autres, ayant besoin de plus de place, se plissaient, faisaient effort, se contournaient de mille façons, formaient des rides, des ondulations qui se communiquaient aux sédiments supérieurs. Le terrain houiller du Nord présente des plis infinis qui ne sauraient avoir d'autres causes.

De là de nouvelles montagnes, de nouvelles vallées. Les points où se déposaient les sédiments changeaient alors. Il arriva nécessairement ceci : que les localités qui avaient reçu les premiers dépôts purent très bien ne pas recevoir les dépôts suivants ; que les localités qui au contraire n'avaient pas reçu les dépôts antérieurs, purent très bien recevoir les dépôts plus récents.

Cette observation nous démontre que, sur un point donné, il peut y avoir des lacunes dans la série des terrains qui se sont formés successivement sur le globe, et que ce serait une grande erreur de conclure de la présence d'un terrain récent l'existence d'un terrain antérieur au-dessous. Ce terrain ne s'y rencontre que si ce point se trouvait sous les eaux quand le dépôt s'est formé; s'il était émergé, il a échappé nécessairement à la formation.

Chaque soulèvement avait pour résultat de donner aux terrains disloqués des inclinaisons qui les éloignaient plus ou moins de cette condition naturelle à tout dépôt, l'horizontalité. Les montagnes en surgissant relevaient les terrains qui les recouvraient, qui les avoisinaient. Tous les terrains atteints par le phénomène se relevaient en même temps et conservaient nécessairement entre eux leurs conditions de parallélisme ; mais lorsque les sédiments vinrent se déposer après la catastrophe, ils se déposèrent horizontalement, et ne furent plus par conséquent parallèles aux couches antérieures relevées par le soulèvement. Quelle que soit la dislocation que ce dépôt nouveau put éprouver plus tard, il resta toujours distinct du dépôt antérieur, par l'absence de parallélisme des couches, par une discordance dans l'inclinaison.

Chaque inclinaison nouvelle annonce donc une révolution survenue dans l'état du globe, et c'est en raison de ces inclinaisons qu'il est permis d'écrire l'histoire de ces catastrophes bien antérieures à l'apparition de l'homme. Tous les dépôts de nature diverse qui se sont superposés durant la période de repos qui a suivi chacune de ces révolutions forment ce que les géologues appellent un *terrain.* Toutes les couches parallèles appartiennent au même terrain. Que ce soit des argiles, des grès, des calcaires, qu'importe, si toutes ces couches sont parallèles, si aucune catastrophe ne les a séparées. C'est par ce motif que le terrain houiller comprend non-seulement les couches de houille, mais les schistes, les grès, et quelquefois aussi les calcaires.

L'importance que l'on attache à ces divisions résulte de ceci : que l'on a bien plus de chances de découvrir un terrain quand on sait à quelle époque relative, après quelle révolution géologique il s'est formé. C'est comme si l'on possédait une date pour trouver un fait écrit dans l'histoire des peuples. On ne passerait pas son temps à aller le chercher au hasard dans le livre, dans des siècles antérieurs. Mais cette importance sera facilement comprise en lisant le chapitre suivant.

Tandis que les dépôts se superposaient, se disloquaient ainsi, un nouvel élément vint se mêler à leur formation. La chaleur n'était plus aussi grande, la végétation était devenue possible. Comme tout ce qui commence, cette végétation était simple, élémentaire, peu compliquée. Les empreintes parfaitement conservées que l'on rencontre dans les roches de cette époque prouvent que c'étaient en général des fougères, du genre de celles que produisent aujourd'hui, sous la température élevée de l'équateur, les localités humides. Il est naturel d'en conclure que la température, par l'influence du foyer central, était la même encore sur tous les points du globe, et que c'est dans les marécages que la végétation qui plus tard devait former la houille, se développa. Les débuts de cette végétation furent faibles. Elle se borna, en se décomposant, à teindre de traces charbonneuses les terrains qui se formaient, mais avec le temps elle prit des développements immenses, et les localités émergées, mais humides, se couvrirent de vastes forêts. Fréquemment les eaux grossies, comme il arrive dans les climats ardents, envahissaient les taillis épais: les végétaux se désorganisaient, les parties de carbone, détachées de la plante, flottaient et se déposaient en raison de leur poids, de leurs affinités; les argiles, tenues en suspension par les eaux, se déposaient aussi. Cette alternance de carbone brillant et de feuillets terreux apparaît facilement dans un morceau de houille. Ce n'est en réalité qu'un composé de parties minces, stratifiées. Les végétaux, en se décomposant, diminuaient de volume; de là des tassements, des affaissements comme dans les tourbières. Les eaux ramenant par-dessus des matières argileuses, formaient un nouveau dépôt où une végétation nouvelle pouvait se développer. Ainsi des végétations de plusieurs siècles s'accumulèrent, divisés par des lits terreux qu'amincit étrangement la pression des terrains qui plus tard vinrent les recouvrir; ainsi se formèrent des couches de houille, dont quelques-unes contiennent une quantité de carbone telle que des radeaux de 7 à 800 mètres (selon les calculs de M. Elie de Beaumont) pourraient à peine les produire. Quand, pour une cause quelconque, un laps de temps considérable s'écoulait sans végétation, des sédiments très épais se déposaient, et mettaient un grand intervalle entre la couche de houille existante déjà et celle qui allait se former ensuite; de là ces intervalles plus ou moins grands de grès et de schistes que nous rencontrons aujourd'hui entre diverses couches de houille.

Les couches de houille qui se formèrent d'abord et qui par conséquent furent les plus voisines du foyer central, les plus exposées à son action, furent celles qui se décomposèrent le plus complétement, qui perdirent le plus de leurs rapports avec les végétaux. Elles ne gardèrent presque que le carbone; aussi ces couches, les plus anciennes, les plus profondes, donnent-elles beaucoup de calorique, mais elles n'ont pour ainsi dire pas d'oxygène pour activer leur combustion ; elles brûlent difficilement. Ce sont les houilles anthraciteuses de Fresnes, Vieux-Condé, Vicoigne. Dans les couches qui vinrent ensuite, la matière charbonneuse garda les quantités d'oxygène et d'hydrogène les plus propres à retenir le bitume. Il en résulta pour ces houilles une tendance à fondre qui les rend propres à la forge. On les appelle *grasses*. Les couches supérieures qui se combinèrent avec une quantité triple d'oxygène, ressemblèrent bien plus au bois naturel; aussi brûlent-elles comme le bois avec une grande facilité; mais comme la quantité de carbone est peu considérable, elles dégagent peu de calorique. Ce sont les houilles maigres flambantes (le Fleuu de Mons). Ainsi, à mesure qu'elles s'éloignaient davantage du foyer central, les houilles soumises à une chaleur moins grande, moins bien minéralisées, moins charbonneuses pour ainsi parler, moins denses, plus légères, contenant plus de gaz, conservèrent plus de rapport avec les végétaux qui les avaient produites.

La houille enfouie se desséchait peu à peu, elle fermentait, et durant cette fermentation s'évaporaient des huiles, des bitumes qui se répandirent dans les roches voisines. De là cette teinte noire des grès et des schistes superposés à la houille, et ces schistes bitumeux dont on extrait aujourd'hui l'huile pour l'éclairage.

La houille se déposait sous l'action des eaux dans des bassins plus ou moins vastes, dans des sortes de lacs ou sur le littoral des mers, mais il ne faudrait pas en conclure que la matière houillère dût se déposer d'une façon continue dans ces bassins. « Non-seulement il peut y avoir eu formation plus active du combustible minéral sur certains points que sur d'autres, dit M. Burat, mais il arriva encore que certaines portions du bassin ont été soustraites aux circonstances de cette formation, et même qu'il y a eu production de grès et de schistes; la couche de houille peut donc présenter, à côté de parties plus ou moins riches, des lacunes dans lesquelles elle ne sera plus représentée que par un filet charbonneux, ou bien même par des suppressions complètes qui, en coupant les diverses parties de son développement par les schistes ou les grès, ne laissaient plus subsister aucun indice de la houille. »

Les terrains plus récents qui recouvrirent le terrain houiller ont enseveli le secret de ces accidents et les ont mis en dehors de toute prévision humaine. Les couches de houille furent d'ailleurs sujettes aux mêmes perturbations que leurs devancières.

Des soulèvements nombreux venaient les relever, les comprimer, les fracturer, les traverser de roches éruptives. Quand les diverses rives d'une nappe de houille, comprimées par un cercle de montagnes qui surgissaient, étaient relevées, cette nappe, relevée par les bords, formait une sorte de corbeille. C'est à cette *allure* qu'on a donné le nom de *fond de bateau*. Quand la couche se fracturait, les deux tronçons divisés se trouvaient souvent placés à des hauteurs différentes; dans la fente qui les séparait, des matières étrangères venaient s'insérer, et formaient entre ces deux fragments de la couche une sorte de muraille : c'est ce qu'on appelle une *faille*. Quelquefois les soulèvements des terrains comprimaient la couche de houille contre les terrains supérieurs et causaient des *serrements*, des amoindrissements d'épaisseur. Enfin il arrivait que la houille, quoique malléable, élastique alors, trop vivement étranglée, finissait par se rompre, et laissait ainsi çà et là des lacunes stériles. La houille comprimée ici allait se loger là, plus abondante, sous la forme d'un renflement. Cet accident répété produisit l'allure *en chapelets*.

Nous avons terminé cette étude sommaire d'une partie de l'histoire géologique; elle suffira pour se rendre compte des faits que nous allons rencontrer; mais, avant de procéder à la recherche de la houille, il est nécessaire de connaître plus amplement les dépôts entre lesquels elle est interposée. En éliminant les terrains où nous ne pourrions la rencontrer, nous aurons déjà fait un grand pas vers sa découverte.

CHAPITRE DEUXIÈME

Nous venons de voir que l'enveloppe solide du globe est formée d'une série de terrains superposés; que les uns sont antérieurs à la formation houillère, tandis que les autres sont plus récents. Mais ces terrains divers, comment les reconnaître?

Comment les reconnaître, lorsque tous sont composés des mêmes éléments, ou à peu près? lorsque dans tous les terrains nous rencontrons toujours, plus ou moins abondants, des grès, des schistes, des calcaires?

La distinction serait souvent très difficile si ces terrains n'étaient pas caractérisés par les plantes ou les coquilles qu'ils contiennent. Le principe de vie qui préside à la végétation et à l'animalité ne s'est pas toujours manifesté de la même façon, n'a pas toujours produit les mêmes êtres. Chaque révolution du globe a amené des modifications dans la température, dans l'atmosphère respirable, dans les conditions alimentaires, et par suite des modifications correspondantes dans les êtres, végétaux ou animaux, qui devaient y vivre. De là des êtres nouveaux qui apparaissaient, des êtres anciens qui disparaissaient, tandis que d'autres, pouvant s'arranger de ces situations diverses, continuaient d'y vivre comme par le passé.

Les terrains successivement superposés représentent chacune de ces révolutions; d'où il résulte que ces terrains contiennent des débris extrêmement variés et que certains débris ne se trouvent que dans tel dépôt spécial.

A défaut d'autres indices, ce terrain peut donc

être reconnu d'une façon certaine par la présence de ces débris. Nous laisserons de côté les traces de végétaux pour ne nous occuper que des coquilles, qui sont bien plus faciles à reconnaître, et nous n'en citerons que quelques-unes, très-caractéristiques, qui suffiront à faire comprendre parfaitement notre pensée.

Un travail si précis ne nous permet pas de longues énumérations d'ailleurs assez fastidieuses.

On ne rencontre aucune trace de végétal ou d'animal dans les terrains primitifs que leur structure cristalline et massive fait facilement reconnaître, mais on en rencontre dans les formations qui s'y sont immédiatement superposées, dans les ardoises d'Angers et des Ardennes, dans les poudingues de Burnot, dans les grès du Condros, dans le calcaire carbonifère de Tournay (Belgique), dans les marbres de Dinan, de Namur, des Ecaussines. Tous ces terrains sont antérieurs à la formation houillère. Parmi les crustacés qu'on y trouve, il en est qu'on ne trouve que là, et qui ont disparu complètement à l'époque houillère : ce sont des êtres étranges, composés de trois lobes, de trois corps posés côte à côte pour ainsi dire, soudés ensemble et nommés pour cette raison *trilobites*.

On peut donc dire, sans hésiter, quand on rencontre de tels débris :

Nous sommes au-dessous de la formation houillère : nous aurions beau creuser ici, nous ne trouverions pas de houille, puisque la houille, si elle s'était formée ici, serait plus haut.

Et si c'est à l'aide d'un puits de recherche que l'on a atteint ces dépôts anciens, comme à Monchy-Preux (Pas-de-Calais), il n'y a plus rien à espérer, il faut arrêter les travaux.

Voilà pour les formations antérieures à la houille.

Examinons celles qui sont venues plus tard. Nous partons du terrain houiller et nous remontons vers la superficie du globe.

D'abord se déposèrent les terrains appelés *pénéens* ou grès rouges, dont il n'y a que deux lambeaux en France, vers Epinal et vers Belfort, et auxquels nous ne nous arrêterons pas par ce motif.

Ensuite le *grès Vosgien*, à grains quarzeux, à surface brillante, rougie par le fer, en général friable, contenant parfois des fragments de roches cristallisées, dans un état de décomposition plus ou moins complet.

Puis vient cette triple formation que l'on a appelée pour cela *trias* ou *terrain keuprique*. Ce sont:

1° Les *grès bigarrés* à grains fins, solides, et dont la couleur varie comme celle des argiles ou des calcaires qui s'y trouvent mêlés.

2° Les *calcaires conchyliens* qu'on ne trouve en France qu'en Lorraine.

3° Les *marnes* irisées, calcaires argileux, marnes de couleurs diverses, mêlées quelquefois de grès.

On peut hésiter à nommer ce terrain quand on

le rencontre, mais si l'on y découvre une coquille en spirale, ressemblant assez bien à une anguille qu'on roulerait sur elle-même, divisée par des renflements noueux, et que par ce motif on nomme *ammonite à nœuds*, alors il n'y a plus de doute, vous êtes bien dans le terrain triassique qui seul contient cette coquille, vous n'êtes pas loin du terrain houiller.

Le terrain jurassique forme au-dessus de celui que nous venons d'indiquer un dépôt considérable : ce sont d'abord des grès et des calcaires, quelquefois pétris de coquilles brisées et que l'on nomme *lumachelles* ; puis des calcaires compactes, grisâtres, bleuâtres, appelés *lias* (leïas) et aussi calcaires à gryphées arquées, parce qu'une sorte d'huître, repliée en forme d'arc, ne se trouve que là; ensuite des calcaires *oolitiques*, composés de petits globules cimentés ensemble. Les grains de ces calcaires devenant de plus en plus fins, ils se transforment peu à peu en argiles marneuses et préludent à la formation de craie qui va suivre.

Quand on rencontre une petite huître, à écaille contournée, de façon à ressembler à une virgule, on en conclut avec certitude qu'on est dans les couches supérieures du terrain jurassique, et par conséquent à une grande distance déjà du terrain houiller.

Le terrain de craie qui vient ensuite forme la partie supérieure des terrains secondaires ; il est recouvert par les terrains tertiaires qui sont généralement connus, et à propos desquels nous n'entrerons dans aucun détail. Il n'arrive jamais d'ailleurs, dans le centre et le midi de la France, d'aller rechercher la houille dans des formations si récentes.

Ainsi les divers dépôts que nous venons de décrire peuvent être rcconnus à des signes caractéristiques, en sorte que l'on peut toujours dire :

Nous sommes au-dessous du terrain houiller, et alors aucune chance, en creusant, de rencontrer la houille.

Ou bien :

Nous sommes au-dessus, et en ce cas nous sommes sûrs, en approfondissant, de rencontrer le terrain houiller, s'il existe là.

Nous disons : *s'il existe là*, car la série des terrains n'est jamais complète, et jamais on ne peut conclure de la présence d'un terrain supérieur autre chose que la *possibilité* d'un terrain inférieur au-dessous.

Des indices autres que les fossiles résultent encore de l'ordre dans lequel les terrains ont été superposés. C'est ainsi que l'on raisonne dans les sondages. Les terrains déjà traversés aident à faire reconnaître le terrain sur lequel on arrive. Ainsi lorsqu'après avoir traversé le terrain de craie, puis les calcaires jurassiques, on rencontre des marnes de couleurs diverses, il n'est pas difficile de reconnaître qu'on est dans les marnes irisées, qui, dans la série des terrains superposés, se trouvent immédiatement sous ces mêmes calcaires jurassiques. Il en est de même des autres dépôts.

Du reste les assises diverses, grès, calcaires, argiles, etc., ne sont pas divisées nettement, brusquement, comme le seraient des tablettes superposées. Ces éléments variés alternent longtemps ensemble, avant que l'un d'eux acquière une prédominance marquée. Les assises de grès et de calcaire, par exemple, se succèdent quelque temps, puis le calcaire finit par l'emporter, et préside définitivement à la formation. Il en résulte que chaque terrain se confond plus ou moins; par la base, avec le terrain antérieur ; par le faîte, avec le terrain qui le suit.

Nous savons à quel point de la série des dépôts se trouve le terrain houiller, apprenons maintenant à le reconnaître.

Le terrain houiller repose partout en France (si l'on excepte le bassin du Nord) sur les terrains cristallisés. Dans ces bassins lacustres, les premiers bancs du terrain houiller sont ordinairement des agglomérations de fragments détachés des roches antérieures environnantes, assez mal liés par un ciment argileux. Des bancs composés de fragments moins gros, roulés, arrondis par les eaux, et que l'on nomme *poudingues*, paraissent au-dessus. Ensuite vient le grès à gros grains, opaque ou vitreux, quelquefois laiteux; renfermant tantôt du mica, tantôt des cristaux provenant du granite, décomposés, et formant cette argile blanche dont on fait la porcelaine. Puis des grès à grains fins, et enfin des schistes alternant avec des argiles schisteuses.

Ainsi, comme l'a fait remarquer M. Burat, les éléments qui composent le terrain houiller deviennent de moins en moins grossiers, de plus en plus tenus, à mesure qu'on remonte ses nombreux étages.

Dans le bassin marin du Nord, les conglomérats et les poudingues, cette base à gros éléments du terrain houiller dans les bassins lacustres, manquent presque complétement. Le terrain houiller repose ici sur le calcaire carbonifère et se compose de lits alternatifs de grès fins appelés *kuerelles* et d'argiles schisteuses appelées *roc* dans le pays.

Mais partout, dans les bassins marins comme dans les bassins lacustres, le terrain houiller se fait remarquer par une grande abondance de végétaux; des fougères d'espèces diverses y apparaissent surtout; les empreintes des feuilles sont souvent très nettement dessinées. Le carbone, disséminé dans les roches noircies, est un caractère non moins certain du terrain houiller.

C'est dans ces assises diverses de grès, de schistes et d'argile qu'il faut rechercher les couches de houille. Il est rare en effet que ce terrain houiller n'en contienne pas; quelque fois il ne renferme qu'une seule couche, comme au Creuzot, à Montchanin, à Lempré, à Littry; mais presque toujours il en renferme un nombre considérable. St-Berain, Plessis, Ronchamps ont deux couches; — Ahun, Commentry, Ste-Foy-l'Argentière, le bassin de la Queune, Rodez, Decazeville en ont trois; — Chapelle-sous-Dun, Ségure, quatre; — Rive-de-Gier, Ronjan, Carmeaux, Ferques, cinq; — Autun, Longpendu, Doyet, six; — Decize, sept; — la Vendée, neuf; — St-Eloi, dix; — Graissessac, dix-neuf; — St-Etienne, vingt-quatre; — le Gard, vingt-cinq; — Brassac, vingt-six; — Anzin, quatre-vingt-dix-neuf; — Mons, cent seize.

Tantôt ces couches sont peu importantes, tantôt elles ont une grande puissance. Si elles sont nombreuses dans le Nord, elles sont généralement de peu d'épaisseur, de 0m 30 à 1m 40; une couche de 1 mètre y est rare. Dans les autres bassins de France, les couches, si elles sont moins nombreuses, sont souvent bien plus puissantes. Le bassin de la Queune en a de 3 mètres; St-Berain, de 4;

Ahun, dans la Creuse, Rodez, Decazeville, Rive-de-Gier, le Doyet, en ont de 5 mètres. La couche principale de Decazeville s'épaissit quelquefois jusqu'à 30 mètres; St-Etienne a des couches de 7 mètres; Blanzy, de 12; Commentry, de 14; le Creuzot n'a qu'une couche, mais elle a 12 mètres; Montchanin n'en a qu'une, mais elle atteint quelquefois jusqu'à 60 mètres.

Tantôt les charbons sont de première qualité; ainsi : le Nord, St-Etienne, Decazeville, le Gard ; — tantôt de qualité très inférieure; ainsi : Bert, Segure, le Plessis. Presque toujours une couche de qualité supérieure a pour voisine d'autres couches de moindre, quelquefois de très mauvaise qualité.

Les couches se prolongent sans interruption, comme dans le bassin du Nord, ou bien le dépôt ne s'est pas opéré régulièrement et présente des lacunes, comme dans le bassin de Blanzy. Tantôt les eaux, en creusant les ravins, ont coupé les ondulations supérieures des couches, comme dans le Gard et l'Aveyron; tantôt des pressions ont réduit la couche à l'état de chapelet, comme dans le bassin de la Queune. Quelquefois des matières en fusion, rejetées par le foyer central s'y sont intercalées, ainsi qu'on le voit à Decazeville, à Autun, et surtout à Brassac.

Naturellement plus il y a de couches de houille disséminées dans les grès et les schistes du terrain houiller, et plus ces couches sont épaisses, plus le terrain houiller est riche. Par ce motif les géologues ont l'habitude de comparer l'épaisseur de houille donnée par la totalité des couches de houille, à l'épaisseur donnée par la totalité des bancs stériles. Blanzy a 30 mètres de houille intercalée dans 500 mètres de terrain houiller ; c'est environ un mètre sur 16, la plus grande richesse connue en France. St-Etienne a 1 mètre de houille sur 20 de roches stériles ; le Nord 1 sur 30 à 40 ; Brassac, 1 sur 60. Mais comme, au point de vue industriel, l'épaisseur des terrains stériles n'est à redouter qu'autant qu'ils recouvrent la houille, qu'autant qu'il faut les traverser pour arriver aux couches de combustibles, les exploitants se préoccupent peu en général de ces comparaisons ; peu importe à celui qui recherche la houille que 600 mètres de grès, appartenant aussi au terrain houiller, se trouvent au-dessous des couches de combustibles, pourvu qu'il ait, au-dessus, peu de terrain à traverser pour arriver à ces combustibles. Le terrain houiller préférable à ses yeux n'est pas toujours celui qui contient le plus de houille relativement à l'épaisseur des assises stériles, mais surtout celui qui met la houille le plus à sa portée.

Nous savons entre quels dépôts s'est formé le terrain houiller. Nous le reconnaîtrons au besoin à ses assises de grès, de schistes, d'argiles, à l'abondance des débris végétaux, à sa couleur noire. Étudions maintenant comment nous pourrons le découvrir et y trouver la houille qu'il recèle.

CHAPITRE TROISIÈME

La houille peut être recherchée d'après plusieurs indices. Commençons par les cas les plus simples.

Quelquefois les torrents, en creusant les vallées, ont coupé le terrain houiller et mis à nu la houille. On voit alors les lignes noires de la couche coupée se prolonger à droite et à gauche dans les flancs du terrain qui a échappé à l'action érosive des eaux, et qui, relativement à la vallée, semble deux collines aujourd'hui. Quand on traverse le ravin de Viala, dans l'Aude, le Vallat de la Grande Combe, dans le Gard; celui qui sépare les mines de Lacaze et de Paleyret dans le bassin de Decazeville, on voit qu'il a suffi d'entrer dans le flanc de la colline pour y prendre la houille qui vient s'offrir d'elle-même à l'industrie humaine.

Quelquefois, la houille apparaît par d'autres causes. Déposée d'abord horizontalement, elle a été relevée depuis par les montagnes qui surgirent. Ces soulèvements l'ont mise, comme les autres dépôts qui y étaient associés, plus ou moins de champ. La pente qui résulte, pour ces terrains, de leur relèvement est ce qu'on appelle leur inclinaison. Ces affleurements de houille apparaissent dans beaucoup de localités du Centre, du Midi et de l'Ouest, aux points de contact des terrains cristallisés. Ils ont motivé les débuts d'exploitations devenues depuis plus ou moins importantes : à Cendras, à Bessèges, dans le Gard; à Gagnières et Doulovy dans l'Ardèche; à Saint-Gervais, Saint-Etienne, Brassac, Commentry, Decize, dans le bassin de la Queune et dans la Vendée.

En marchant au rebours de l'inclinaison des dépôts, on voit apparaître successivement les tranches de ces dépôts relevés, comme il arriverait en creusant un puits. Naturellement les dépôts que l'on rencontre en marchant ainsi, contre l'inclinaison, sont de plus en plus anciens ; car toute assise qui en supporte une autre lui est antérieure. Entre les schistes et les grès la houille apparaît à son tour, se prolongeant de même qu'eux sous les formations plus récentes. Elle est presque toujours mince parce que le soulèvement, très-rapproché, l'a comprimée sur ce point, broyée quelquefois. Des matières terreuses s'y sont souvent mélangées. Mais si l'on suit cette houille dans sa pente, par une galerie souterraine, on la verra très-probablement s'épaissir peu à peu, devenir d'une qualité meilleure et propre enfin à une exploitation.

Au lieu d'entrer ainsi dans la couche de houille par une galerie souterraine inclinée comme elle, on préfère aller creuser un puits à quelques cents mètres de l'affleurement. Il est évident que la houille qui descend vers ce puits y sera recoupée à une profondeur quelconque. Cette profondeur peut être calculée à l'avance, d'après la pente de la couche de houille et la distance du puits à l'affleurement. Si l'inclinaison de la couche la fait descendre de

2 mètres pour une longueur superficielle de 10 mètres, on en conclut, lorsqu'on se place à 100 mètres de l'affleurement, que la couche sera recoupée à 20 mètres de profondeur; à 40 mètres, si l'on s'est avancé de 200 mètres dans l'inclinaison; et ainsi de suite.

Mais ces recherches, en vertu d'un affleurement de houille, sont rarement possibles aujourd'hui. En raison même de leur simplicité et des chances de succès qu'elles présentent, elles ont donné lieu depuis longtemps à des concessions; à peine reste-t-il en France huit à dix affleurements qui puissent permettre encore des explorations dans ces conditions. Toutefois si des recherches ne sont plus possibles sur le territoire de ces concessions, elles peuvent avoir lieu souvent avec fruit, dans leur voisinage, à peu de distance de leurs limites.

On recherche alors la houille de deux façons, dans l'inclinaison et dans la direction.

Entendons-nous bien sur le sens de ces mots.

Si vous regardez un pupitre, toutes les lignes que vous pourriez tracer du haut en bas auraient la pente que présente ce pupitre. Ce sont des lignes d'inclinaison.

Au contraire, toutes les lignes que vous pourrez tracer de droite à gauche, en travers, faisant croix avec les premières, seraient horizontales. Ce sont les lignes de direction.

Vous pouvez donc à côté de la concession existante faire des recherches dans le sens de l'inclinaison des couches ou dans le sens de la direction.

Dans le premier cas, vous avez à calculer comme nous l'avons indiqué, si le charbon, là où il vous est permis d'établir vos recherches, en dehors de la concession, n'est pas à une profondeur inaccessible. Si cette profondeur n'était pas excessive, vous procéderiez alors comme nous avons dit, en vertu d'un affleurement.

Dans le cas contraire, vous verriez à faire des recherches dans le sens de la direction. Je suppose qu'en dehors de la concession, non-seulement la houille n'affleure pas, mais que les assises d'argile entre lesquelles la houille est placée n'affleurent pas non plus. Sur quoi vous guider ? Vous voyez bien le terrain houiller suivre dans ses contours sinueux le terrain primitif, mais ce terrain houiller dont les tranches de grès et de schistes apparaissent de champ, à mille mètres d'épaisseur peut-être, comment déterminer le point où la houille se trouve intercalée? Je suppose l'inclinaison au midi. Si l'on se place trop au nord, on recoupera les dépôts antérieurs à la houille, mais non la houille; si l'on se place trop au sud, on s'expose à rencontrer une épaisseur de terrain qui rendra la couche inaccessible.

Ici la connaissance approfondie du terrain houiller dans cette localité peut vous venir en aide. Laissons de côté les calculs géométriques pour ne nous occuper que de considérations géognostiques.

Quoique le terrain houiller soit partout composé des mêmes éléments, il est cependant, selon les localités, telle ou telle assise caractérisée d'une façon particulière et à l'aide de laquelle il est permis de se reconnaître dans le dédale des autres assises. Ici c'est un banc de grès, d'épaisseur constante, dur, blanc, lustré ; là, un banc de grès contenant des rognons de fer ; plus loin, des schistes bitumeux; ailleurs, un banc d'argile contenant une fougère spéciale. On sait que cette assise, facile à discerner, est à 20 mètres, je suppose, au-dessus de la houille : cet indice vous sera extrêmement précieux.

Car, si en suivant la ligne de contact du terrain houiller avec les terrains cristallisés sur lesquels il repose, vous rencontrez cet indice, il équivaudra presque pour vous à un affleurement de houille, puisque vous savez que la houille doit se trouver à 20 mètres plus bas. C'est ainsi que fut découverte la continuité du bassin belge sur le territoire français. Le terrain houiller, incliné au sud, repose au nord sur le calcaire carbonifère (pierre bleue de Tournay); il en résulte que les tranches des dépôts relevés avancent d'autant plus vers le midi que ces dépôts sont plus récents. M. Desandrouin, qui avait acquis ces connaissances dans l'étude approfondie du bassin belge, avait suivi jusque sur le territoire français la trace du calcaire carbonifère. En le laissant un peu au nord, il calcula qu'il recouperait à Fresnes les houilles qui y étaient adossées. En effet, il trouva là les houilles anthraciteuses qu'on y exploite aujourd'hui. En raisonnant d'après la découverte de ces houilles comme il avait raisonné d'après la présence du calcaire carbonifère, il se dit : — les charbons gras étant de formation plus récente doivent se trouver plus avant vers le sud. Il vint à Étreux, mais, là, il rencontra la formation dévonienne qui forme la limite méridionale du bassin. Il fallait donc reculer vers le nord. Il le fit et trouva les mines d'Anzin. Nous pouvons le dire avec orgueil, cette magnifique découverte est due tout entière à la science, à l'intelligence humaine, et le hasard n'y fut pour rien.

Vous avez donc dû étudier attentivement le terrain houiller de la région que vous explorez. Grâce à cette connaissance, vous pouvez non seulement apprécier la valeur des recherches dans le voisinage des exploitations existantes, mais dans le bassin tout entier. Qu'importe que des terrains nouveaux aient recouvert sur un point le terrain houiller, si plus loin vous le voyez reparaître absolument semblable à ce qu'il est dans le voisinage des exploitations. Vous n'en concluez pas moins que c'est toujours la même formation dont les tronçons apparents se rejoignent sous la formation nouvelle qui la recouvre. Si ces deux parties de terrain houiller, quoiqu'éloignées l'une de l'autre, inclinent en sens inverse, descendent pour ainsi parler l'une vers l'autre, vous en concluez que l'allure des couches est en *fond de bateau*, et que le point où, par la pensée, vous voyez ces deux inclinaisons plus ou moins fortes se croiser, se recouper, est le point le plus bas du terrain houiller, le centre du bassin.

Quand il s'agit de bassins lacustres, formés dans les dépressions des massifs cristallisés, le terrain houiller apparaît environné de toutes parts d'une ceinture granitique ; il n'est pas difficile de lui assigner des limites. Quand le terrain houiller disparaît sous des terrains récents, cette détermination des limites est encore possible, si la crête des montagnes granitiques, qui s'élèvent toujours de beaucoup au-dessus des soulèvements du terrain houiller, apparaît de toutes parts autour du bassin, comme à Brassac, et fait penser que le dépôt n'a pas dû franchir de telles barrières. Mais toute hypothèse devient impossible si le terrain houiller s'enfonce et disparaît sous une nappe immense de terrains récents. Ainsi dans le Gard et à Sarrebruck, les reliefs qui primitivement ont encaissé la formation houillère, ont été recouverts complétement, d'une part par les calcaires jurassiques, de l'autre par les grès bigarrés. Les couches de houille, au point le plus avancé où on les a recoupées dans leur inclinaison, présentent toujours les mêmes allures, vont toujours s'approfondissant, ne laissent voir aucun relèvement qui fasse penser qu'on est arrivé au centre du bassin. En ce cas, tout calcul sur l'étendue probable de ce bassin devient impossible, et l'on ne peut prudemment y faire des recherches que dans le voisinage des points où l'existence de la houille est déjà constatée, où l'on a toute raison de supposer la continuité probable des couches dans un espace si restreint.

C'est ainsi que la direction du bassin du Nord a constamment été recherchée depuis Anzin jusqu'à Lens. Chaque exploitation nouvelle a été un jalon, et la raison d'être d'une exploitation future, vers l'Ouest. Nous avons dit que ce bassin est limité au nord par le calcaire carbonifère, au sud, par la formation dévonienne, qui se compose des grès du Condros, des marbres de Givet, des poudingues de Burnot. La houille existe entre ces deux limites. Mais le terrain de craie est venu ensevelir sous une nappe immense ces reliefs et a répandu une obscurité complète sur la continuité du bassin sous-jacent. De là des recherches nombreuses, allant toujours du connu à l'inconnu. A Emerchicourt, on a rencontré le calcaire de Givet : on s'était donc porté trop au sud. En effet, un peu plus au nord, la houille est exploitée à Denain, Douchy, Azincourt, Aniches. A Flines-les-Raches on a rencontré le calcaire carbonifère : on était donc trop au nord. La compagnie de l'Escarpelle avança un peu vers le midi, et trouva la houille. A Monchy-le-Preux on découvrait en 1806 les roches de l'encaissement méridional. Il fallait donc revenir vers le nord, et l'on découvrit alors les mines des environs de Flers et de Lens. C'est en cherchant ainsi çà et là, dans les carrières, dans les cours d'eau, dans tous les accidents de dénudation les traces de l'encaissement de la houille, que MM. Dufrénoy et Elie de Beaumont ont fait leur admirable étude sur la continuité probable du bassin houiller jusqu'à Ferques.

On comprend que plus les terrains qui recouvrent un bassin houiller sont récents, plus il faut redouter de ne trouver le charbon qu'à une grande profondeur. Si le terrain houiller apparaît à la superficie, on a toute chance de recouper promptement la houille, puisqu'elle est insérée dans les assises de ce terrain. Si l'on s'établit sur le grès bigarré, sur les marnes irisées, on a quelque chance encore d'arriver promptement au charbon, puisque ces formations sont voisines du terrain houiller. Mais si l'on trouve à la superficie du sol le terrain jurassique et à plus forte raison la craie, il en est tout autrement, puisqu'il faudra *peut-être* pour arriver à la houille ajouter à ces dernières formations l'épaisseur de celles que nous avons déjà indiquées. Je dis *peut-être*, car il n'est jamais certain que les formations antérieures soient au-dessous. La série des terrains superposés n'est jamais complète; le terrain secondaire peut manquer sous le terrain tertiaire, et en ce cas celui-ci se trouverait rapproché d'autant du terrain houiller qui existerait au-dessous.

Les accidents géologiques peuvent de même tromper les prévisions, dans les cas les plus simples que nous avons exposés. Le terrain fracturé par un soulèvement et affaissé ensuite, peut avoir placé les deux parties de la couche ainsi divisée des niveaux différents. Par suite d'un semblable accident, la houille remonte ou descend fréquemment de 10 à 20 mètres. Ces *failles* ont quelquefois des proportions considérables. A Blanzy, il y en a de 40 à 100 mètres; à Rochebelle, de 120 mètres; à St-Etienne, de 250 mètres. Alors les calculs que l'on aurait faits sur la profondeur probable de la couche à un point donné se trouveraient nécessairement inexacts.

Les calculs seraient encore trompés si les courants avaient coupé la couche de houille comme nous l'avons montré tout à l'heure dans les vallées de la Grande-Combe de Viala et de Decazeville. Là, on voit la houille apparaître à droite et à gauche comme dans un chemin creux; mais qu'on suppose une nappe de terrains récents étendue sur ces vallées et sur ces collines, la lacune de la couche de houille devient impossible à prévoir. Le charbon trouvé à droite et à gauche manquera au centre, où fut la vallée, et les espérances seront déçues.

Les prévisions seraient encore trompées, mais d'une façon favorable cette fois, si le terrain houiller, soulevé autrefois en forme de colline, formant *pli en selle*, s'était rapproché de cette façon de la superficie des formations plus récentes. Quand, dans le bassin du Gard, on descend des concessions de Palmesalade et de Champclauson, vers l'est, on voit le terrain houiller, incliné de ce côté disparaître sous les calcaires jurassiques. Mais bientôt on retrouve vers St-Jean de Valer iscle et vers le Mas-Dieu des îlots de terrain bouiller qu'un soulèvement du nord-est au sud-ouest a élevés à un niveau supérieur à celui qu'ont atteint depuis les depôts récents. Le charbon sera donc trouvé là plus promptement qu'à l'ouest dans les depôts jurassiques plus rapprochés cependant des affleurements. Si les depôts jurassiques s'étaient élevés davantage, avaient submergé complétement ces îlots bouillers, nulle trace de ce soulèvement ne subsisterait aujourd'hui, et tous les calculs basés sur l'inclinaison régulière des couches se trouveraient erronés.

Nous appuyons avec intention sur ces accidents, afin de faire bien comprendre que les travaux les plus sages, les plus consciencieux, peuvent très-bien ne pas aboutir aux résultats espérés. Il est toujours des faits en dehors des prévisions humaines, et qui en raison de l'ignorance où nous sommes des rapports qui peuvent exister entre ces faits mystérieux et les faits apparents, constituent la part de ce que nous appelons le hasard, part que la science restreint de plus en plus, mais à laquelle nous sommes loin encore d'échapper complétement.

Quoi qu'il en soit de ces accidents, on ne peut agir que d'après les lois générales, qui présentent déjà des chances très-larges de succès. Il est encore d'autres considérations sur lesquelles on s'appuie quand il s'agit de faire des recherches dans des régions non encore explorées.

Nous avons dit que les végétaux qui ont formé la houille se rencontrent encore aujourd'hui dans les contrées équatoriales, dans les localités marécageuses. Ce ne fut donc pas sur les hauteurs des massifs granitiques émergés, mais dans les lacs peu profonds et sur les rivages des mers qui baignaient les bases de ces massifs, que la végétation houillère a pu se produire. Ces massifs émergés n'ont pas été recouverts depuis par les formations récentes, et nous les voyons apparaître aujourd'hui, avec la structure cristalline qui les caractérise. Mais leur base a disparu de plus en plus sous la marée montante des terrains plus récents. C'est donc dans ces terrains récents, vers leur point de contact avec les massifs granitiques, que le littoral des mers devait se développer, que les plantes qui formaient la houille ont dû se produire.

En raisonnant ainsi, l'on arrive à ces conclusions :

Le terrain ancien a été constaté depuis Douai jusqu'à Ferques. Ce terrain ancien était relevé, émergé, et présentait par conséquent à l'époque de la formation carbonifère une ligne littorale où les végétaux ont pu croitre et former la houille.

Le terrain jurassique longe de Hirson à Mézières et au Luxembourg le massif granitique des Ardennes. Il doit recouvrir un littoral ou les végétaux ont pu croitre et former la houille.

Il en est de même de la ligne de terrain jurassique qui de Bayeux à Alençon touche au massif granitique de l'Ouest ; — du terrain jurassique qui de Bourbon-Vendée à Angoulême recouvre le littoral des massifs granitiques de l'Ouest et du Centre, autrefois réunis et séparés depuis par un affaissement qui a permis au terrain jurassique de s'y déposer ; de la rive partie jurassique, partie tertiaire, qui va de Brives à Carcassonne ; — de la rive jurassique qui longe ce même massif de

Lodève à Privas ; — de la ligne triassique qui longe au nord de Toulon le massif granitique de Saint-Tropez, etc.

Malgré la justesse de ces considérations, il serait peu prudent d'aller s'engager à grands frais dans des recherches qui ne seraient pas autrement motivées. Mieux vaut s'établir dans le voisinage des affleurements houillers, ou dans les parties de terrain houiller non concessionnées encore, ou vers la lisière de ces terrains, dans des terrains plus récents, mais sous lesquels il est reconnu que le terrain houiller plonge ; en un mot, dans les localités sur lesquelles des accidents naturels ou des explorations antérieures ont déjà donné de précieuses indications. Il est peu de bassins dont les coupes, qui fournissent les allures des couches, et les conditions géognostiques n'aient été publiées. Ces ouvrages, dus à des ingénieurs éminents, procurent les notions générales ; les renseignements pris avec soin dans les localités, sur les travaux plus récents et les études auxquelles on pourra soi-même se livrer, les compléteront.

CHAPITRE QUATRIÈME

Quand on a choisi un point à explorer, on procède à cette exploration par une galerie, par un puits ou par un sondage.

S'il s'agit de rechercher la houille sous une montagne qui a redressé les terrains, comme il arrive souvent dans les bassins du centre et du midi, on peut ouvrir au pied de cette montagne une galerie à peu près horizontale. Je dis à peu près horizontale, car il est nécessaire de la creuser un peu *en montant* afin que les eaux descendent et sortent naturellement par cette pente, laissant toujours parfaitement à sec le point le plus avancé où travaillent les ouvriers.

Il est évident que cette galerie traversera les diverses tranches des terrains plus ou moins relevés qui constituent la montagne, et recoupera la houille à son tour, si elle existe là.

Quand le sol n'est pas accidenté, ou quand les couches ont conservé à peu près leur horizontalité primitive, la recherche peut s'opérer au moyen d'un puits ordinaire, d'un puits vertical. Il est alors nécessaire de remonter les eaux et les matériaux, ce qui, si l'on n'a pas à sa disposition une machine d'extraction, devient très onéreux quand on arrive à une grande profondeur. On ne peut donc rechercher la houille par un puits, que lorsque l'on peut disposer d'une de ces machines, ou lorsque l'on compte rencontrer la houille à une faible distance de la superficie.

Reste le sondage. C'est le moyen le plus usité, aussi nous nous y arrêterons davantage.

On visse les unes sur les autres des tiges de fer

qui varient de grosseur suivant la profondeur que l'on se propose d'atteindre. Pour sonder à 100, 150 mètres, on prend du fer d'une épaisseur de trois centimètres et demi sur chaque face. Pour des sondages plus considérables on augmente cette épaisseur jusqu'à 4 et même 4 centimètres et demi.

Au-dessus du trou de sondage on établit un engin analogue à la *chèvre* des charpentiers. Une poulie est suspendue vers le haut; un treuil est vers le bas. Un cable enroulé sur le treuil, monte vers la poulie, passe par dessus et redescend pour s'attacher à la tête de la sonde.

On se figurera de suite cette tête de sonde en songeant à une clé de montre suspendue par un ruban passé dans son anneau. La clé tourne librement sans que l'anneau le suive dans ses mouvements. Supposez que le canon de cette clé soit une sorte d'écrou, auquel une vis puisse venir s'adapter, et vous aurez, en miniature, une tête de sonde.

Le cable descendant de la poulie est attaché à l'anneau : la partie inférieure de la tête de sonde, l'écrou, se visse sur une seconde tige en fer, qui elle-même se visse à son tour sur une troisième tige. Ainsi de suite ; à mesure que le sondage s'approfondit, on ajoute des tiges nouvelles.

On conçoit que si, au bas de la dernière tige, on adapte un instrument d'acier, un ciseau, une tarière, on pourra, dans le premier cas en relevant les tiges au moyen du treuil que nous avons indiqué, et en les laissant retomber, dans le second cas en leur imprimant un mouvement de torsion, approfondir le trou de sondage. Après que l'on a *battu* quelque temps, la roche brisée, pilée, forme au fond du trou une véritable boue. Il s'agit de la retirer. Pour cela on remonte les tiges à l'aide du treuil, on les dévisse successivement jusqu'à la dernière. On remplace le trépan par un cylindre à boulet.

Ce cylindre à boulet est un tube en tôle, présentant à son extrémité inférieure un trou qu'un boulet peut fermer comme le ferait une soupape. On descend cet instrument dans le trou, on le relève et on le laisse retomber plusieurs fois. La boue comprimée fait remonter le boulet, et pénètre dans le tube ; mais le boulet qui par son poids revient toujours au fond du cylindre, referme le trou et emprisonne la vase au-dessus de lui. On remonte le cylindre, on retire la boue, et l'on recommence avec le ciseau.

Il est facile de deviner que les trépans, droits, courbes, à pointe ou à double biseau, qui servent à battre, sont employés contre les roches dures, et les tarières, qui servent à couper, dans les argiles, la craie tendre etc. — Il est très important que le trou soit parfaitement vertical. A défaut de cette condition, un sondage ne saurait être continué régulièrement. Peut-être même serait-on obligé de l'abandonner.

Le diamètre du trou de sondage varie de 5 à 36 centimètres. Plus le diamètre est petit, plus le travail marche rapidement. Quand on veut arriver à une profondeur considérable, il est indispensable de commencer le sondage sur un grand diamètre. En voici la raison. On rencontre quelque fois des roches peu consistantes, des terrains qu menacent de s'ébouler. Ces accidents, en engageant la sonde, en tortuant les tiges, peuvent avoir des résultats très graves. Il faut avoir soin de les éviter en garnissant de tubes en tôle ces étages du sondage. Mais quand ces tubes en tôle déjà plus étroits que le diamètre primitif du trou, se trouvent placés il faut que les outils passent par leur intérieur pour aller creuser plus bas. Il devient donc indispensable de diminuer le diamètre de ces instruments. Voilà le trou de sondage amoindri. Si la nécessité de *tuber* se renouvelle trois ou quatre fois, ce sera trois ou quatre fois que le diamètre du trou changera, se rétrécissant sans cesse. Il est donc indispensable de commencer sur un diamètre d'autant plus grand que l'on compte aller à une profondeur plus considérable.

Il arrive quelquefois que les tiges par une cause quelconque viennent à se rompre. On se sert alors, pour retirer la partie de tiges restée au fond, d'une *cloche à écrou*. Supposez un entonnoir dont le goulot contienne une douille aciérée, semblable à celle dont se servent les serruriers pour faire un pas de vis. Si l'on descend dans le trou cet entonnoir *renversé*, il rencontrera dans sa partie évasée le sommet de la tige restée au fond. Cette tige sera ramenée naturellement vers le centre, dans le goulot, et s'engagera dans la douille d'acier. Si l'on fait alors tourner l'instrument, l'acier entamera la tige de fer et finira par y former un pas de vis. Ce travail terminé il sera facile de la retirer.

On se sert aussi en ce cas d'accrocheurs à pinces qui saisissent au fond du trou la tige brisée, comme dans la machoire d'une tenaille, mais notre intention n'est pas de décrire ici les instruments sans nombre employés dans les sondages et que chaque praticien modifie à sa fantaisie.

Le prix de revient d'un soudage varie suivant son diamètre et sa profondeur. Plus on avance, plus on perd de temps à descendre et à remonter, à dévisser et à revisser les tiges. Plus les chances d'accidents sont nombreuses aussi.

Voici ce que peut couter un sondage de 200 mètres, d'un diamètre de 24 centimètres au début, et de 18 centimètres à la fin.

Matériel :

200 mètres de tiges de 4 centimètres carrés	3,000 f.
Tête de sonde......................	35
Tarières, ciseaux, cylindre à boulet....	100
1 cloche taraudée...................	70
Clés de relevée et à dévisser...........	50
Engin et cable......................	700
Total, prix du matériel.......	3,955

Frais de sondage :

18 ouvriers employés par 24 heures à 1,50.	27 f.
Contremaître et forgeron...............	10
Dépense par 24 heures.....	37

L'avancement pendant ces 24 heures serait en moyenne de 1^{m},50, ce qui établit le prix de revient, par mètre d'avancement à 24 fr. 66 c. soit pour 200 mètres...................... 4,932

Supposons qu'il a fallu tuber sur une longueur de 40 mètres, le mètre courant de tubes en tôle pèse environ 18 k. soit pour 40 mètres 720 k., à 1 fr. 50 c.............. 1,080

Total des frais de sondage....... 6,012

Des sondages à une faible profondeur couteraient beaucoup moins cher.

M. Fantet a exécuté dans le département de Saone-et-Loire, deux sondages de 80 mètres chacun, dont voici le prix de revient :

(Il n'est question ici ni du matériel, ni des gages d'un contremaître, ni de la réparation des outils.)

Premier sondage :

Du sol à 25 mètres de profondeur,

3 ouvriers pendant 14 jours 63 f. » »

de 25 m. à 30 m.	4	—	3	—	18	» »
— 30 — 35	— 5	—	3	—	22	50
— 35 — 40	— 6	—	4	—	36	» »
— 40 — 50	— 7	—	6	—	63	» »
— 50 — 70	— 7	—	18	—	189	» »
— 70 — 80	— 8	—	12	—	144	» »
Total 80 m. creusés en			60 jours		535	50

Deuxième sondage, daus un grès houiller très-dur :

Du sol à 25 mètres de profondeur,

3 ouvirers pendant 18 jours 81 f. » »

de 25 m. à 30 m.	4	—	5	—	30	» »
— 30 — 35	— 5	—	4	—	30	» »
— 35 — 40	— 6	—	3	—	27	» »
— 40 — 50	— 7	—	9	—	94	50
— 50 — 70	— 7	—	24	—	252	» »
— 70 — 80	— 8	—	17	—	204	» »
Total 80 m. creusés en			80 jours		718	50

MM. Degousée et Ch. Laurent à Paris entreprennent des sondages à des conditions variables suivant la nature des terrains qu'ils supposent devoir traverser.

1° Dans les terrains les plus favorables :

Du sol à 50 mètres	1,200 f
De 50 à 100	2,000
— 100 à 150	3,000
— 150 à 200	4,000

A payer en sus :

Les tubes en tôle, soit	1,080
Prime de 20 0/0 en cas de succès	2,256
Total	13,536

2° Dans les terrains supposés très-durs :

Du sol à 50 mètres	4,500
De 50 à 100	6,500
— 100 à 150	9,500
— 150 à 200	12,500
Pour les tubes, soit	1,080
Prime de 20 0/0 en cas de succès	6,816
Total	40,896

M. Kind est l'inventeur d'un procédé de sondage qui consiste à substituer des tiges en bois aux tiges en fer. Comme le trou de sondage se remplit d'eau, les tiges en bois tendent à surnager ce qui diminue de un tiers l'effort que font les ouvriers pour soulever les tiges en fer. Tant que la profondeur du sondage n'est pas considérable, le poids des tiges est un faible inconvénient, mais quand il s'agit d'aller à 5 où 600 mètres, ce procédé présente un avantage réel.

Un sondage de 534 mètres, fait près de Luxembourg par M. Kind a couté 110,000 francs. Il a été commencé le 6 février 1837 et terminé le 22 mars 1839. Soit 768 jours. Ce qui fait un avancement, en moyenne, de 69 centimètres par jour et établit le prix de revient à 206 francs par mètre.

M. Louis Fignier, dans un article très-remarquable sur les travaux que M. Kind exécute en ce moment à Passy, nous a fourni les renseignements suivants :

Ce puits foncé au moyen d'une machine à vapeur de 30 chevaux a été commencé en juillet 1855 et était arrivé en mars 1856 à 350 mètres. On voit qu'à l'aide d'une machine le sondage marche bien plus rapidement. On présume que ce puits, destiné à amener au-dessus du sol les eaux infiltrées en grande abondance dans la couche de grès vert, aura 550 mètres de profondeur. M. Kind l'a entrepris pour une somme de 350,000 francs.

Mais ce sont là des travaux tout à fait exceptionnels.

Voici, approximativement, le prix de revient d'un sondage fait par M. Kind à 200 mètres, d'un diamètre de 30 à 36 centimètres au début et de 25 à 30 centimètres à la fin.

La baraque et l'outillage........... 15,000

On emploie 24 ouvriers par 24 heures, à 1,50...... 36 f.

Le maître sondeur et le forgeron coutent......... 10

Total....... 46

L'avancement par 24 heures étant de 1 m.

200 mètres à 46 francs couteront.......	9,200
Tubes en tôle, de gros diamètre.........	2,000
Prime à payer à M. Kind pour son privilège............................	5,000
Total................	31,200

De ces différents chiffres il résulte qu'un sondage que l'on fait soi même, avec économie, dans les conditions ordinaires, ne doit pas s'élever pour une profondeur de 200 mètres à plus de 10 à 15,000 francs.

FIN

Cambrai. — Imprimerie de SIMON, rue St-Martin, 18.

www.ingramcontent.com/pod-product-compliance
Ingram Content Group UK Ltd.
Pitfield, Milton Keynes, MK11 3LW, UK
UKHW021649260726
13994UKWH00003B/1359